Enseignement des Sciences physiques et naturelles

LA DEUXIÈME ANNÉE

Enseignement scientifique

PAR

PAUL BERT

Nouvelle édition (41e) conforme aux Programmes

LA SCIENCE APPLIQUÉE

Supplément répondant aux Arrêtés ministériels de mars 1897 et septembre 1898.

[Le présent *Supplément* est mis gratuitement à la disposition des Maîtres, en autant d'exemplaires que leur classe possède de volumes des précédentes éditions.]

Librairie Armand Colin

5, rue de Mézières, Paris.

NOTE DES ÉDITEURS

La *Deuxième année d'Enseignement scientifique* de Paul Bert contient toutes les matières que comporte le programme du Cours supérieur de l'Enseignement primaire. Mais, différents Arrêtés ministériels ayant accentué le côté pratique de l'enseignement scientifique dans les écoles primaires, nous avons résolu, pour répondre à ces arrêtés, de développer dans un *Supplément* des conseils pratiques d'hygiène, des notions sur les boissons, les aliments, les vêtements, sur l'ivresse et l'alcoolisme, sur l'abus du tabac, etc., etc.

Dans ce même *Supplément*, nous avons fait aussi une large place aux progrès de la science et aux découvertes récentes : lumière électrique, téléphone, phonographe, rayons X, etc.

Ce *Supplément* a été ajouté à tous les exemplaires de la *Deuxième année d'Enseignement scientifique* de la 41e édition et des éditions suivantes.

Pour les élèves qui ont entre les mains une édition antérieure à la 41e, nous avons fait un tirage spécial du *Supplément :* c'est le présent fascicule, qui est fourni *gratuitement* aux maîtres en autant d'exemplaires que leur classe possède d'anciens volumes.

LA DEUXIÈME ANNÉE
D'ENSEIGNEMENT SCIENTIFIQUE
PAR **PAUL BERT**

SUPPLÉMENT

VIII. — LA SCIENCE APPLIQUÉE

1. Ce qu'il y a dans l'eau. — L'eau telle qu'elle se trouve dans les rivières, dans les lacs ou dans les puits, ou telle qu'elle sort des sources, n'est jamais pure. Elle contient des corps étrangers : 1° en *suspension;* 2° en *dissolution.*

Il faut d'abord bien saisir la différence qu'il y a entre ces deux mots. Ce sera facile si vous faites attention à ce que je vais vous dire : voilà un morceau de bois qui flotte sur une rivière : on dit qu'il est en *suspension* dans l'eau. Autre exemple : il arrive que l'eau est quelquefois trouble et boueuse, c'est qu'elle contient de petites particules d'argile qui altèrent sa limpidité et qui constituent ce qu'on appelle le *limon.* Le limon est aussi en suspension dans l'eau, et la preuve c'est que si l'eau qui le contient cesse d'être courante, si, par exemple, elle se jette dans un lac aux eaux tranquilles, le limon, qui est plus lourd que l'eau, tombe au fond du lac où il forme la *vase*, et l'eau s'éclaircit. C'est exactement comme toutes ces poussières qui sont dans l'air et que vous voyez danser dans un rayon de soleil. Quand l'air cesse d'être agité, la poussière tombe sur les meubles où elle forme une couche plus ou moins épaisse : cette poussière était en suspension dans l'air comme le limon est en suspension dans l'eau.

Voici, d'autre part, de la poudre de sucre. Je la verse dans ce verre d'eau. Vous voyez que l'eau se trouble si je l'agite avec une cuiller, parce que le sucre reste en suspension. Mais cela ne dure pas longtemps, et le sucre fond (se dissout) rapidement. On dit alors que le sucre est en *dissolution*, et l'eau est devenue sucrée.

Or vous comprenez bien que de l'eau qui a coulé quelque temps sur la terre, ou qui sort de la profondeur du sol, doit renfermer beaucoup de substances en suspension. De plus, comme elle a passé sur des pierres qui sont plus ou moins solubles*, elle les a en partie dissoutes. Donc, l'eau ordinaire contient aussi des matières en dissolution, telles que du carbonate de chaux ou du sulfate de chaux.

2. Comment on rend l'eau potable. — De l'eau qui contient trop de matières en suspension n'est pas bonne à boire, elle n'est pas *potable.* D'abord elle est nécessairement trouble, et par conséquent peu appétissante.

Je sais bien ce que vous allez me dire : il est très facile de l'éclaircir en la laissant reposer dans un vase. Alors toutes les matières qui sont en suspension tomberont au fond du vase. C'est vrai! Mais vous n'aurez enlevé que le plus gros, et quand même par ce procédé votre eau serait devenue très limpide, il n'est pas sûr du tout qu'elle ne contienne plus de corps en suspension. Elle peut contenir notamment une grande quantité de *microbes.* Seule, l'eau de source, au moment où elle sort de terre, n'en contient pas. Ces microbes sont très petits, imperceptibles. Il peut donc y *en avoir des quantités innombrables dans l'eau, sans que celle-ci cesse d'être limpide.*

Or vous avez vu que ces microbes sont souvent des êtres très malfaisants; qu'avalés par l'homme ils peuvent lui donner des maladies redoutables. Si donc vous n'avez pas d'eau de source à votre disposition, il faut avoir bien soin, avant de la boire, de débarrasser cette eau de tous les corps étrangers, visibles ou non, qu'elle tient en suspension.

Cela se fait par le *filtrage.* Le filtrage est une opération qui consiste à faire passer l'eau à travers un corps poreux* dont les pores* soient tellement étroits qu'ils laissent bien passer l'eau, mais arrêtent au passage les microbes les plus petits et à plus forte raison les boues, la vase et tous les corps de grande dimension.

Il n'y a guère qu'une substance qui réalise ces conditions : c'est la pâte de porcelaine cuite, mais non recouverte d'émail employée dans les filtres du système

Pasteur (fig. 1). Le grès dont on se sert dans beaucoup de ménages a des pores trop gros; il n'arrête pas les microbes, et l'eau est aussi dangereuse à boire après qu'avant.

Mais comme tout le monde à la campagne ne peut pas avoir de filtre en porcelaine qui demande à être tenu très propre, on peut se servir d'un filtre de grès qui arrête le plus gros et faire ensuite bouillir l'eau ainsi rendue claire. Les microbes ont bien passé au travers du grès, mais l'ébullition les a tués. Il ne reste plus qu'à laisser refroidir l'eau.

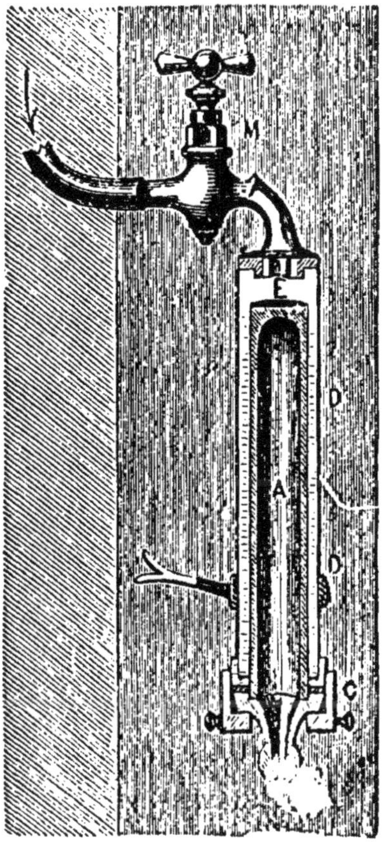

Fig. 1. — Filtre, système Pasteur.

La *bougie* filtrante AB est en porcelaine poreuse; elle est ouverte par le bas, en B, et entourée d'un cylindre non poreux DD. Quand on ouvre le robinet M, l'eau arrive *autour* de la bougie AB, filtre très lentement à travers ses parois, et s'écoule goutte à goutte en B. La filtration ne se fait que si l'eau arrive en M avec une certaine pression. Ce filtre retient même les microbes, qui passent à travers tous les autres.

Mais l'eau bouillie est lourde et indigeste, parce que l'air qu'elle contenait avant l'ébullition s'est échappé. Il est donc nécessaire d'aérer cette eau avant de la boire. Pour cela, il suffit de l'agiter pendant quelque temps à l'air, de la battre, comme on bat les œufs en neige.

Si vous prenez ces précautions, vous pouvez presque sûrement défier la fièvre typhoïde et beaucoup d'autres maladies aussi terribles qu'elle. Sinon, l'on ne peut répondre de rien.

3. **Distillation de l'eau.** — Le filtrage ne débarrasse l'eau que des matières en suspension. La distillation la rend tout à fait pure (voir p. 141, § 113) en la débarrassant des substances dissoutes. On se sert pour cela, dans les grands établissements, d'un *alambic*. C'est une chau-

dière A (fig. 2) dans laquelle on met l'eau et qui communique avec un tuyau enroulé D, qu'on appelle *serpentin*. Le serpentin est plongé dans l'eau froide.

On fait bouillir l'eau de la chaudière. La vapeur, en arrivant dans le serpentin, se refroidit, redevient de l'eau, se *condense*, comme on dit, et cette eau, qui est complètement pure, coule par l'orifice inférieur G du serpentin. Les

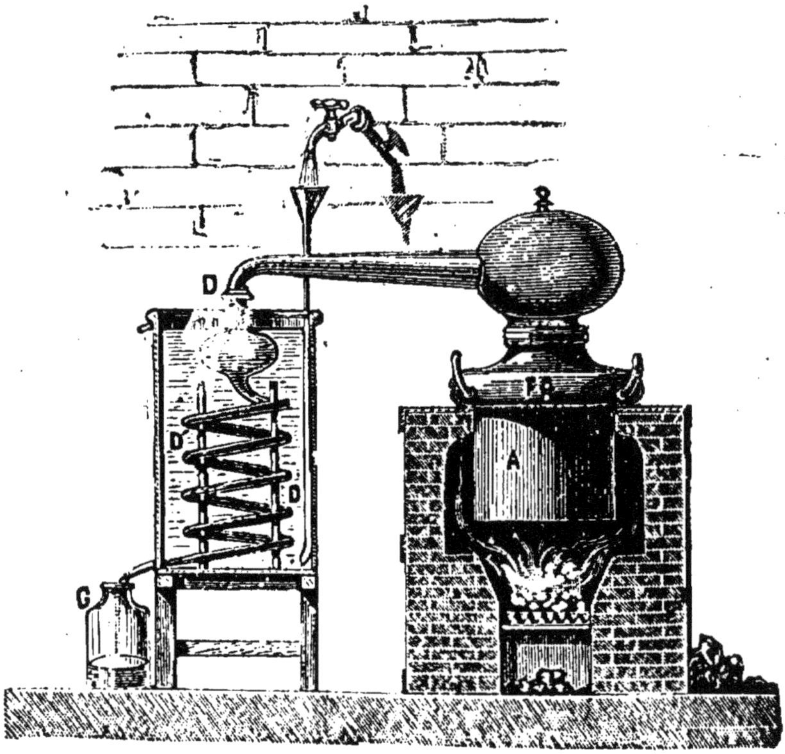

Fig. 2. — Distillation de l'eau.

matières qui étaient en dissolution dans l'eau, les *sels*, restent dans la chaudière où elles forment une croûte qu'on est obligé d'enlever très souvent.

4. Autres distillations. — Fabrication du gaz d'éclairage. — Dans la houille ou charbon de terre, il y a des gaz et la preuve c'est que l'un d'eux, le *grisou*, se dégage de la houille dans les mines où il peut causer de graves accidents (voir page 238). C'est ce grisou, mélangé à beaucoup d'autres gaz de la même famille, qui forme le gaz d'éclairage. Pour le forcer à s'en aller de la houille, on n'a qu'à mettre cette houille dans une sorte de chaudière de terre nommée *cornue* C (fig. 3) et à chauffer fort. Le gaz se dégage, chassé par la chaleur et s'en va par le tube T. Après avoir passé dans un grand nombre de tuyaux, il est reçu dans de grandes cloches G de tôle qui reposent sur l'eau et qu'on appelle des *gazomètres*. Quand une cloche est pleine, on ferme le robinet d'arrivée R et on ouvre le robinet de sortie R'. Le gaz qui est dans la cloche s'en va dans tous les tuyaux T' de la ville poussé par le poids de la cloche qui pèse sur lui. C'est très simple, comme vous voyez. Seulement quand le gaz sort des cornues il n'est pas pur; il renferme du goudron en vapeur.

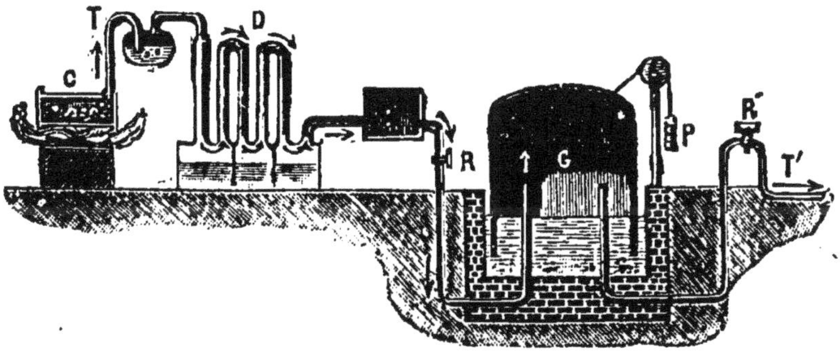

Fig. 3. — Fabrication du gaz d'éclairage.

Le goudron est comme l'eau : tant qu'il est très chaud il est en vapeur; mais s'il se refroidit, il devient liquide, puis solide et forme ce corps noir dont on a badigeonné, l'autre jour, la barque du père Jean pour qu'elle ne prenne plus l'eau. Alors vous comprenez bien que si les gaz et le goudron s'en allaient ensemble dans les tuyaux de la ville, ceux-ci ne tarderaient pas à être bouchés par le goudron devenu solide en se refroidissant. Aussi, avant d'emmagasiner le gaz dans le gazomètre G, le fait-on passer dans de gros tuyaux refroidis D dans lesquels il abandonne son goudron.

Vous voyez que la fabrication du gaz de l'éclairage n'est pas autre chose qu'une distillation, tout à fait semblable à celle de l'eau.

Ce qui reste dans la cornue quand le gaz est parti, s'appelle le *coke*, charbon presque pur et dont on se sert pour le chauffage.

En mélangeant le goudron avec de la poussière de charbon, on en fait des briquettes ou des *agglomérés*, ces espèces de gros pavés noirs qu'on utilise à la fabrique pour chauffer la chaudière de la machine à vapeur.

On peut faire encore bien autre chose avec le goudron : si on le chauffe, il devient liquide, et l'on peut en badigeonner les barques, le pied des poteaux du télégraphe et en général, tous les morceaux de bois qui doivent rester à l'humidité. Le goudron les empêche de pourrir.

Enfin, on peut distiller le goudron dans un alambic et en retirer une foule de substances très utiles. Par exemple, la *benzine*, ce liquide avec lequel on enlève les taches de graisse des habits; la *naphtaline*, qu'on emploie sous forme de petites boules blanches qui ont une odeur très forte, pour préserver les tapis, les tentures, contre les mites, insectes, etc.

On retire aussi du goudron de magnifiques *matières colorantes* (aniline, etc.) : du rouge, du bleu, du brun, du jaune.

On en extrait même des parfums et des médicaments, par exemple l'*antipyrine*, ce remède nouveau qui guérit la migraine et coupe la fièvre.

L'industrie du gaz est donc, comme vous pouvez vous en convaincre, une industrie de premier ordre.

5. Les appareils de chauffage. — Je vous ai fait voir (p. 149 et p. 154) que la chaleur se propage de deux façons à partir du foyer qui la produit : 1° par conductibilité; 2° par rayonnement.

J'ai suffisamment expliqué ce que c'est que la conductibilité, je n'y reviendrai donc pas. Occupons-nous maintenant du *rayonnement*.

Voilà le Soleil. Vous savez que sa chaleur nous arrive en même temps que sa lumière. C'est qu'il envoie, en même temps que des rayons lumineux, des rayons de chaleur qui traversent l'air sans l'échauffer sensiblement. Ainsi, en hiver, quand on est frappé directement par les rayons calorifiques du Soleil, on a chaud bien que l'air lui-même soit très froid. De même, quand on entre dans une pièce où un foyer vient d'être allumé, on éprouve une impression de chaleur si les rayons qui s'échappent du foyer viennent vous frapper et cela, quand bien même l'air de la pièce serait à une température très basse : le Soleil et le foyer chauffent, dans ces deux cas, par l'envoi de rayons, par *rayonnement*.

1° La cheminée. — Vous savez tous ce que c'est qu'une cheminée. C'est l'endroit d'une chambre où l'on fait du feu. Les gaz qui s'échappent du foyer de la cheminée s'en vont par un tuyau qui s'ouvre au-dessus du toit. La cheminée chauffe surtout par rayonnement, et la preuve c'est que quand le feu vient d'être allumé, les parties de votre corps que vous exposez à la flamme ont chaud parce qu'elles reçoivent les rayons de la chaleur, tandis que les parties qui ne reçoivent pas directement ces rayons ont froid.

Mais à la longue, à force de traverser l'air de la pièce, les rayons de chaleur finissent par l'échauffer et alors on a chaud partout. Une cheminée n'échauffe donc l'air d'une pièce que très lentement.

Mais si une cheminée chauffe mal, elle *ventile* très bien. Qu'est-ce que cela veut dire? Nous allons le savoir. Vous n'ignorez pas que l'air chaud est plus léger que l'air froid. L'air qui est tout contre le foyer s'échauffe, mais alors étant devenu très léger il monte dans le tuyau et s'échappe. De l'air qui vient du dehors par les joints des portes et des fenêtres le remplace, s'échauffe à son tour pour s'en aller, lui aussi, par l'ouverture supérieure qui se trouve sur le toit. Vous voyez donc que l'air de la pièce se précipite vers le foyer, s'y engouffre et quand il est chaud s'échappe au dehors, en montant. Voilà bien du charbon perdu! La cheminée n'est donc pas un appareil de chauffage économique. Mais puisque l'air de la pièce s'en allant par la cheminée est aussitôt remplacé par l'air pur qui vient du dehors, ceci vous montre très bien que l'air de la chambre est, grâce à la cheminée, sans cesse renouvelé. C'est ce qu'on exprime en disant que la cheminée *ventile*, c'est-à-dire renouvelle l'air.

Il y a donc toujours un courant d'air qui vient des fenêtres et des portes, qui rase le sol et qui court vers le foyer. C'est pour cela qu'on a souvent froid aux pieds dans une pièce chauffée par une cheminée. C'est pour cela aussi que si l'on ne veut pas s'enrhumer dans une pareille pièce, il faut prendre garde d'avoir toujours, autant que possible, les pieds sur un tabouret. Alors le courant d'air froid qui va à la cheminée passe *sous* le tabouret et ne vous refroidit plus les pieds.

Résumons-nous : la cheminée est un appareil de chauffage qui n'est pas économique, qui échauffe lentement l'air d'une pièce, mais qui ventile très bien. C'est par conséquent le meilleur mode de chauffage pour les chambres de malades, car ceux-ci, étant dans leur lit, ne ressentent que la chaleur douce et modérée de la pièce et ne sont pas exposés au courant d'air froid qui rase le sol.

Je vois que Paul a quelque chose à me dire. Voyons, mon ami Paul?

— Monsieur, la cheminée allumée semble donc *attirer* à elle l'air de la pièce. Ne serait-ce pas pour cela qu'on dit que la cheminée *tire* bien ?

— Parfaitement! et voilà une très bonne observation. N'avez-vous plus rien à me demander?

— Si, monsieur! Pourquoi, quand on baisse le tablier de la cheminée, le feu, qui était presque éteint, se rallume-t-il?

— Parce que l'air qui vient de la pièce et qui s'engouffre dans la cheminée est alors obligé de *traverser* le foyer pour monter dans le tuyau. Or vous savez que le charbon brûle d'autant mieux qu'on lui fournit plus d'oxygène (p. 233), et comme l'air renferme de l'oxygène, en passant au milieu du charbon il ranime la combustion. Tandis que quand le tablier est relevé, l'air de la pièce passe *au-dessus* du foyer et non pas *dedans*, de sorte qu'il ne *souffle* pas le feu.

2° **Les poêles.** — Venons maintenant aux poêles. Le poêle chauffe surtout par *conductibilité* parce qu'il échauffe rapidement l'air de la pièce. Considérons, en effet, l'air qui est au contact du poêle; il s'échauffe. Une fois chaud, il monte au plafond, se refroidit et redescend le long des murs, puis vient de nouveau se réchauffer contre le poêle, remonte, et ainsi de suite. Il en résulte qu'au bout de très peu de temps tout l'air de la pièce est venu se réchauffer contre le poêle et que la pièce est chaude.

Mais si le poêle chauffe bien, il ventile mal, parce que très peu de l'air de la chambre s'en va par le petit trou qui est percé dans la porte du poêle : il n'y passe que juste la quantité d'air nécessaire pour entretenir la combustion du charbon.

3° **Les calorifères.** — Les calorifères sont des appareils destinés à chauffer toute une maison avec *un seul foyer* allumé dans la cave. Il y en a de beaucoup de sortes. En voici un : c'est le calorifère à air chaud.

Il se compose d'un gros tuyau en tôle qui s'ouvre au dehors où il prend l'air par sa partie inférieure : puis il passe sur le foyer et monte ensuite dans tous les appartements. Il s'ouvre dans chaque chambre par un orifice appelé *bouche de chaleur.*

En passant sur le foyer, l'air qui vient du dehors par le tuyau s'échauffe; devenu plus léger, il monte dans les appartements et se répand dans les pièces par les bouches.

Vous comprenez bien que chaque chambre recevant des torrents d'air chaud, devient elle-même rapidement chaude et, de plus, cet air chaud venant du dehors est pur; donc, le calorifière *chauffe très bien et ventile mieux encore.* Seulement cet appareil pour ne pas devenir dangereux doit être très surveillé.

6. La Météorologie.

La météorologie est la partie de la physique qui s'occupe de tous les phénomènes qui se passent dans l'atmosphère, par exemple de la pluie, du vent, du brouillard, de la gelée, des orages.

Le vent. — Occupons-nous d'abord du *vent.* Vous savez que le vent n'est autre chose qu'un courant d'air plus ou moins rapide. Quelles en sont les causes? Elles sont nombreuses et je ne puis, ici, vous les indiquer toutes. Je me bornerai à vous en donner une. On vient de voir à propos du chauffage des appartements que lorsqu'une pièce est chauffée par une cheminée, il se fait dans cette pièce un appel d'air qui détermine un courant venant des joints des portes et des fenêtres et allant vers la cheminée en rasant le sol.

De même, supposez qu'un pays soit fortement chauffé par le Soleil. L'air qui touche la terre très chaude s'échauffe à son tour et, devenu plus léger, monte aussitôt vers les régions supérieures de l'atmosphère, absolument comme l'air échauffé par le foyer de la cheminée monte dans le tuyau.

Il en résulte que l'air vient des pays voisins moins ensoleillés et se précipite vers le pays que le Soleil chauffe afin d'y remplacer l'air chaud qui s'est élevé. Cet air, en se déplaçant, produit donc un courant plus ou moins violent : *c'est le vent.* Vous voyez comme c'est simple.

Les nuages. — Quand le Soleil frappe sur un lac, sur une rivière, sur la mer, ou simplement sur la terre rendue humide par une pluie récente, l'eau s'évapore et la vapeur ainsi produite, monte entraînée par le courant d'air ascendant* dont nous avons parlé tout à l'heure.

Mais à mesure qu'on s'élève dans l'atmosphère, l'air devient de plus en plus froid, c'est pourquoi, sur les hautes montagnes, il y a toujours de la neige qui ne fond pas. Il arrive donc un moment où la vapeur se trouvant dans un air froid redevient de l'eau, c'est-à-dire se *condense* en une multitude de petites gouttelettes, dont l'accumulation forme le *nuage.*

Le Brouillard. — Lorsque, dans nos pays, en hiver, le vent vient du nord, le vent du nord étant sec et froid, l'air se refroidit et il gèle. Mais si, tout à coup le vent vient à tourner et à souffler du sud, l'air qu'il nous apporte est chaud et contient beaucoup de vapeur. Cette vapeur se condense en fines gouttelettes, et produit, au ras du sol, un nuage auquel on donne le nom de *brouillard.*

La Pluie. — Les gouttelettes qui forment les nuages sont en général très petites et elles restent en l'air, à la façon des poussières que vous voyez danser dans un rayon de Soleil, parce que l'air est toujours plus ou moins agité. Mais il arrive quelquefois que les gouttelettes des nuages sont devenues trop grosses pour pouvoir rester suspendues dans l'air, alors elles tombent et on dit qu'il *pleut.*

La Neige. — Il peut se faire que la vapeur d'eau en se condensant dans les hautes régions au lieu de redevenir de l'eau, se transforme en petites aiguilles de glace. Quand les aiguilles sont très petites, elles restent en l'air toujours à la façon des poussières dont je vous parlais tout à l'heure. Mais si ces aiguilles sont trop grosses, où si elles se réunissent de façon à former des *flocons*, ceux-ci, devenus trop lourds pour rester suspendus dans l'atmosphère, tombent et on dit qu'il *neige.*

Le Verglas. — Parfois en hiver, après de fortes gelées qui ont refroidi la terre, la température devient subitement plus douce et il tombe une petite pluie fine.

Cette pluie, en arrivant sur le sol resté plus froid que l'air, gèle aussitôt, et le sol se trouve couvert d'une couche de glace sur laquelle il est très difficile de marcher. On a l'habitude de dire alors qu'il « *tombe du verglas* ». Pas du tout ! il tombe de la pluie et le verglas n'est autre que cette pluie qui, au contact du sol glacé, se transforme aussitôt en glace.

La Rosée. — Au printemps et au commencement de l'été, la terre s'échauffe pendant le jour sous l'action du Soleil. Quand vient la nuit, la terre se refroidit parce qu'elle *rayonne de la chaleur* de tous les côtés. Quand la terre est froide, elle agit absolument comme la bouteille dans l'expérience dont je vous ai parlé à la page 151 (fig. 23), la vapeur d'eau s'est condensée sur la bouteille. Eh bien, la vapeur d'eau se condense de même sur le sol refroidi par le rayonnement nocturne et s'y dépose en fines gouttelettes : c'est la *rosée*.

La Gelée blanche. — Quelquefois même le sol s'est tellement refroidi par le rayonnement que la rosée gèle sur les plantes, toute la campagne paraît blanche comme si elle était couverte de neige. C'est la *gelée blanche*, si funeste aux fleurs printanières qui commençaient à s'ouvrir et qui sont gelées du coup.

7. La Machine à vapeur.

Les expériences que nous avons décrites à la page 152 montrent quelle force énorme possède la vapeur d'eau quand on l'enferme dans des vases bien et fortement bouchés. On a songé à utiliser la force de cette vapeur pour faire marcher des machines.

Chaudière. — On commence par fabriquer la vapeur dans des récipients très solides, en tôle de fer. On les fait très solides pour que la vapeur ne puisse pas les faire éclater. Dans ces récipients ou *chaudières*, on met de l'eau que l'on fait bouillir en allumant un feu très ardent sous la chaudière. Il se forme ainsi de grandes quantités de vapeur. Il n'y a plus qu'à s'en servir.

Vous voyez qu'une chaudière n'est pas autre chose qu'une sorte de marmite pleine d'eau et soigneusement fermée de tous les côtés.

Le Cylindre. — De la chaudière part un tuyau D (fig. 4), qui amène la vapeur dans une sorte de boîte V, nommée *boîte à vapeur*. Cette boîte à vapeur se trouve placée sur un cylindre dans lequel peut se mouvoir un piston P, muni d'une tige M.

La paroi du cylindre est percée de trois canaux A, B et C, les canaux A et B s'ouvrent l'un à gauche, l'autre à droite du piston. Quant au canal C, après s'être enfoncé dans la paroi du cylindre, il change brusquement de direction et va s'ouvrir au dehors.

A la place même, où très voisins l'un de l'autre, com-

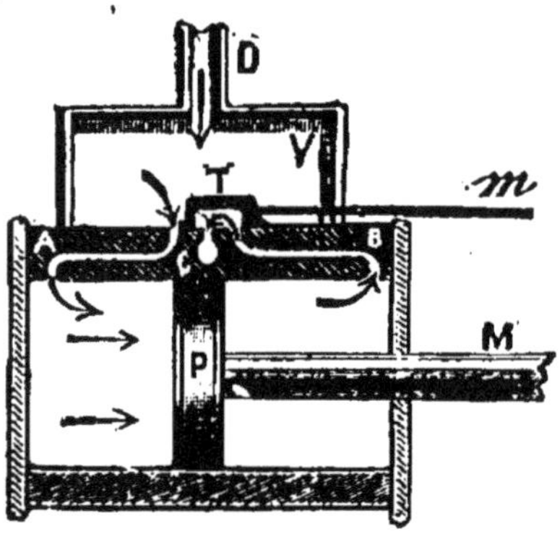

Fig. 4.

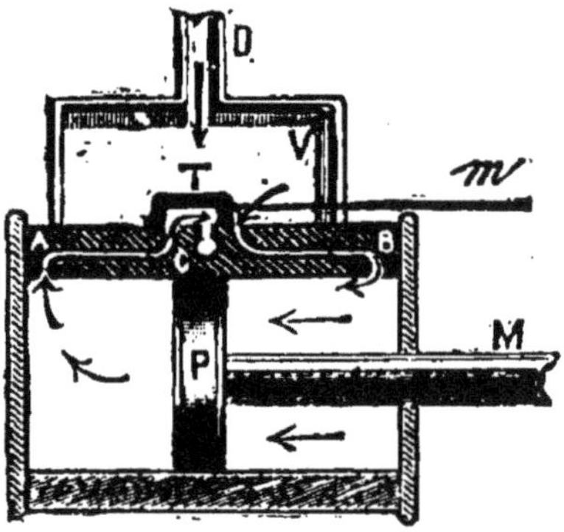

Fig. 5.

mencent les 3 canaux A, B, C, se trouve une coquille assez large pour recouvrir le tuyau C et l'*un* des deux tuyaux A ou B, mais trop étroite pour recouvrir les trois tuyaux à la fois. Cette coquille, nommée *tiroir*, porte une tige *m* qui sort de la boîte à vapeur.

Supposez que la coquille se trouve dans la position de la figure 4, la vapeur qui est dans la boîte V passe par le canal A et arrivant dans le cylindre, à gauche du piston, pousse celui-ci vers la droite avec une grande force.

Quand le piston est arrivé tout à fait à droite, le tiroir, dont le mouvement est déterminé par la machine elle-même, se déplace légèrement et prend la position indiquée dans la figure 5. Alors la vapeur, qui est à gauche du piston et qui a servi à le pousser à droite tout à l'heure, repasse par le tuyau A, arrive sous la coquille du tiroir et s'échappe par le tuyau C dans l'atmosphère. Elle ne peut donc plus s'opposer à ce que le piston revienne à gauche. Or, comme en même temps, la vapeur de la boîte V passe par le tuyau B qui est ouvert et vient à droite du piston, on comprend qu'elle le repousse à gauche.

Quand le piston est revenu à son point de départ, le tiroir se replace dans la position de la figure 3 et le piston est de nouveau poussé à droite par la vapeur qui arrive à sa gauche et ainsi de suite, tant qu'on ne ferme pas le robinet qui commande l'arrivée de la vapeur dans la boîte V.

On voit que, par ce moyen, on est arrivé à imprimer au piston un mouvement de va-et-vient que l'on peut utiliser pour faire tourner des roues ou faire marcher des machines de toutes sortes.

8. La lumière électrique.

La lumière électrique. — 1° Lumière à arc. Je vous ai dit (page 185) comment on peut produire un courant électrique. Je vous ai montré (page 187) comment, en réunissant et en séparant ensuite les deux fils qui viennent des pôles d'une pile, on obtient une petite étincelle. Eh bien, supposez qu'au bout de chacun des deux fils on ait mis une baguette faite de ce charbon dur qu'on trouve sur les parois des cornues qui ont servi depuis longtemps à fabriquer le gaz d'éclairage.

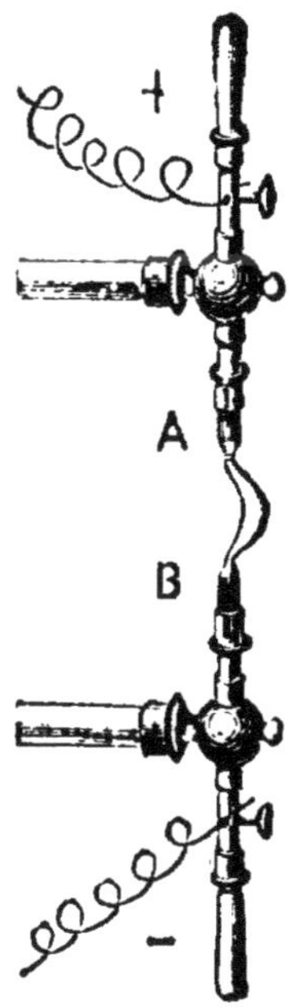

Fig. 6. — Lampe à arc.

Si le courant est très puissant, on verra jaillir entre les pointes des deux charbons une multitude d'étincelles très brillantes et qui se succéderont si rapidement qu'on croira qu'il n'y a pas d'interruption. On n'apercevra qu'une nappe de feu A B (fig. 6) allant continuellement d'un charbon à l'autre. Cette nappe de feu a la forme d'un croissant, d'un *arc*, et elle est si éclatante qu'il n'y a guère que la lumière du Soleil qui puisse lui être comparée.

2° Éclairage par incandescence. — Si vous faites passer un courant très fort dans un fil métallique *très mince*, vous verrez le fil rougir comme si on l'avait chauffé dans une forge. Il arrive même qu'il fond. C'est là, soit dit en passant, une des causes des incendies qui se produisent quelquefois dans les maisons éclairées par l'électricité; car si le fil qui doit conduire l'électricité dans les appartements est trop mince et le courant trop fort, le fil rougit et met le feu aux tentures ou aux boiseries qui sont dans son voisinage.

On a utilisé cette propriété qu'ont les fils minces de rougir quand ils sont traversés par un courant, pour produire une belle lumière. Regardez la figure 7, vous y verrez un petit globe de verre A, dans lequel on a fait le vide, c'est-à-dire que ce globe ne contient plus d'air du tout. A son intérieur vous remarquerez un fil de charbon très mince C. Si on lance un courant dans ce fil, il devient rouge-blanc, *incandescent*, comme on dit, et répand autour de lui une vive lumière.

Fig. 7. — Lampe à incandescence.

— Mais, monsieur, pourquoi a-t-on enlevé l'air qui était dans le globe?

— Tout simplement parce que s'il y avait de l'air, le charbon ne se contenterait pas de rougir, il brûlerait, et disparaîtrait en se transformant en anhydride carbonique (page 243) et alors la lumière s'éteindrait, tandis que dans le vide, le charbon n'ayant pas d'oxygène à sa disposition, peut rougir sans se consumer.

Vous comprenez maintenant pourquoi ce mode d'éclairage s'appelle éclairage par *incandescence*, puisqu'il est produit par un fil porté à l'incandescence. Cette petite lampe commode et simple, qui ne demande aucun entretien, a été imaginée par le physicien américain Edison.

9. Le Télégraphe électrique.

Voici une invention qui est de date relativement récente et qui a développé le commerce et l'industrie d'une façon extraordinaire, car elle permet à deux personnes très éloignées, placées par exemple, l'une en France, l'autre en

Amérique, de communiquer entre elles aussi rapidement que si elles n'étaient séparées que par quelques mètres. C'est merveilleux, n'est-il pas vrai? et c'est en même temps d'une remarquable simplicité.

Je vous ai appris (page 195), ce que c'est qu'un électro-aimant. Eh bien, supposez qu'un électro-aimant B (fig. 8) soit placé à Paris, et qu'à Lyon il y ait une pile P, ainsi qu'un ressort M qui se relève tout seul quand on n'appuie pas dessus. Ce ressort s'appelle un *manipulateur*.

Un fil métallique va de la pile P au *manipulateur* M, du

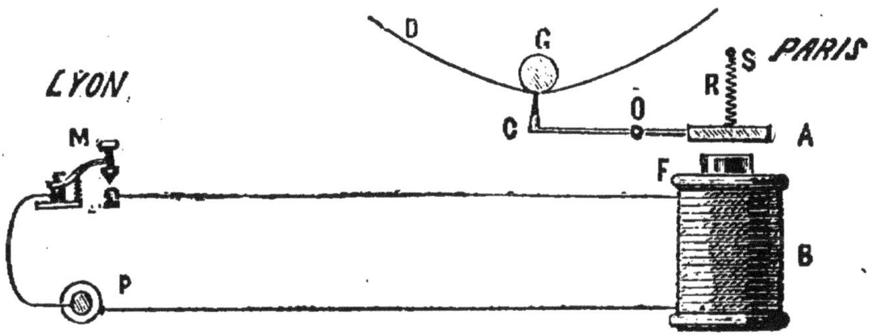

Fig. 8. — Télégraphe électrique.

manipulateur M de Lyon à l'électro-aimant de Paris, et revient de l'électro-aimant de Paris à la pile P de Lyon.

En face de l'électro-aimant et à petite distance, se trouve un morceau de fer A, une *armature*, pour employer l'expression habituelle. Cette armature est maintenue par un ressort R à une certaine distance du morceau de fer F, qui est placé au centre de l'électro-aimant. La tige de cuivre AOC au bout de laquelle se trouve l'armature A peut tourner autour d'un pivot O. A l'autre bout de la même tige se trouve un crayon C.

Supposez qu'on appuie à Lyon sur le manipulateur M. Aussitôt le courant de la pile passe dans le fil, puisque maintenant le circuit est fermé. Ce courant circule dans le fil de l'électro-aimant, autour du morceau de fer F qui s'aimante aussitôt. L'armature de fer A se trouve donc attirée par le fer aimanté F, et s'abaisse en tirant sur le ressort R. En même temps le crayon C se relève et vient s'appuyer contre une bande de papier qui se déroule, mue par un mouvement d'horlogerie. Vous comprenez bien que tant que le crayon restera bien appuyé contre la bande de papier qui marche, il y tracera un trait et que ce trait sera d'autant plus long que le crayon sera resté relevé plus longtemps.

Tout à coup, à Lyon, on cesse d'appuyer sur le manipulateur qui aussitôt se relève. Le courant cesse de passer, le fer F se désaimante, le ressort R attire à lui l'armature A qui n'est plus retenue par le fer F, le crayon C s'abaisse et ne marque, dès lors, plus rien sur le papier qui continue à se dérouler.

Il est facile de comprendre que si l'on appuie pendant un certain temps sur le manipulateur de Lyon, le crayon de Paris marquera un trait sur le papier qui est devant lui. Si, au contraire, on ne donne qu'un coup sec sur le manipulateur de Lyon, le crayon de Paris ne s'appuiera qu'un court instant sur le papier et n'y marquera qu'un point.

On peut donc, en maniant convenablement le manipulateur de Lyon, marquer à volonté sur le papier de Paris, des traits ou des points. Or en combinant des points et des traits on a imaginé un alphabet complet que voici :

· —	a	· ·	i	· — ·	r
— · · ·	b	· — — —	j	· · ·	s
— · — ·	c	— · —	k	—	t
— · ·	d	· — · ·	l	· · —	u
·	e	— —	m	· · · —	v
· · — · ·	é	— ·	n	· — —	w
· · — ·	f	— — —	o	— · · —	x
— — ·	g	· — — ·	p	— · — —	y
· · · ·	h	— — · —	q	— — · ·	z

De sorte que Paul s'écrit télégraphiquement :

· — — ·   · —   · · —   · — · ·

Avec un peu d'habitude, on écrit aussi vite au moyen de cet alphabet qu'avec l'alphabet ordinaire. L'inventeur du merveilleux instrument de communication rapide que je viens de vous décrire est un peintre américain du nom de Samuel Morse.

10. Le Téléphone. — On a trouvé mieux encore : on a découvert le moyen de *parler*, de *converser* avec une personne très éloignée. De telle façon que si Pierre est à Londres et moi à Paris, Pierre n'a qu'à parler dans un petit appareil particulier et moi je n'ai qu'à mettre à mon oreille un autre appareil, relié à celui de Pierre par des fils électriques, pour que j'entende aussitôt tout ce que Pierre juge à propos de me dire. Et non seulement j'entends Pierre, mais je reconnais même sa voix. N'est-ce pas prodigieux?

Cet appareil s'appelle un *téléphone* (du grec *télé*, au loin, *phoné* voix). Je voudrais bien pouvoir vous décrire son mécanisme; malheureusement vous ne pourriez pas encore le comprendre. Je puis cependant vous en donner une idée.

Quand on parle devant une membrane tendue ou devant une plaque mince de métal ou de bois, la membrane, la plaque de bois se mettent aussitôt à remuer légèrement : elles entrent, comme on dit, en *vibration*. Vous connaissez bien ce phénomène pour peu que vous ayez, une fois dans votre vie, joué du mirliton. Vous savez que si l'on chante dans cet instrument, les deux pelures d'oignon qui se trouvent aux deux bouts du roseau *se mettent à vibrer* et donnent à la voix du chanteur un accent nasillard tout particulier.

Dans le téléphone, on parle devant une plaque capable de vibrer. Un courant électrique transmet les vibrations de la plaque devant laquelle on parle, à une autre plaque semblable placée très loin de la première, mais reliée à elle par des fils métalliques. Cette seconde plaque se met aussitôt à vibrer et *de la même façon que la première*. Comment cela peut-il se faire? C'est là ce que vous ne pouvez pas encore comprendre. Je vous demande donc de me croire sur parole parce que cela est.

Or, par quoi ont été produites les vibrations de la première plaque? Tous vous répondez : par la parole! Eh bien, il est clair que les vibrations de la deuxième plaque, qui sont absolument les mêmes que celles de la première plaque vibrante, doivent reproduire la parole. De sorte que si quelqu'un porte cette seconde plaque à son oreille, il entendra distinctement la voix de la personne qui parle devant la première plaque et comprendra tout ce qu'elle dit.

11. Le Phonographe. — On ne s'en est pas tenu là : c'est déjà très beau d'entendre la voix d'une personne qui parle à des centaines de kilomètres de vous;

mais que diriez-vous d'un instrument qui vous permettrait d'entendre parler une personne morte depuis longtemps? Vous direz peut-être que c'est impossible. Prenez garde! Cet instrument existe et s'appelle le *phonographe*.

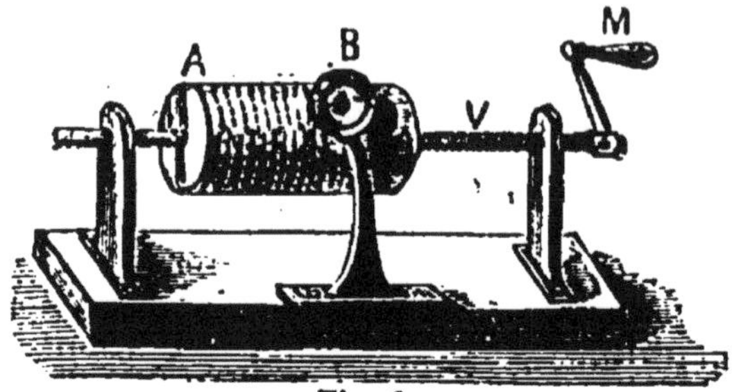

Fig. 9.

Nous venons de voir que lorsqu'on parle devant une plaque mince de métal, elle est animée d'une sorte de tremblement, elle vibre. Imaginez que cette plaque B (fig. 9) porte à sa partie inférieure une pointe qui s'appuie sur un cylindre de cire A. Parlons devant la plaque B et, en même temps, faisons tourner le cylindre au moyen d'une manivelle M. Tout le monde comprend que la pointe P (fig. 10), qui est sous la plaque vibrante, remue, vibre en même temps que la plaque. Si les déplacements de la plaque vibrante sont considérables, c'est-à-dire si les vibrations sont fortes, la pointe s'enfonce beaucoup dans la cire et y laisse une empreinte profonde. Si la vibration est faible, la pointe P s'enfonce moins dans la cire. Quand on a fini de parler, il y a donc sur le cylindre tournant une ligne marquée par des trous plus ou moins profonds, plus ou moins rapprochés les uns des autres. Voilà l'appareil préparé.

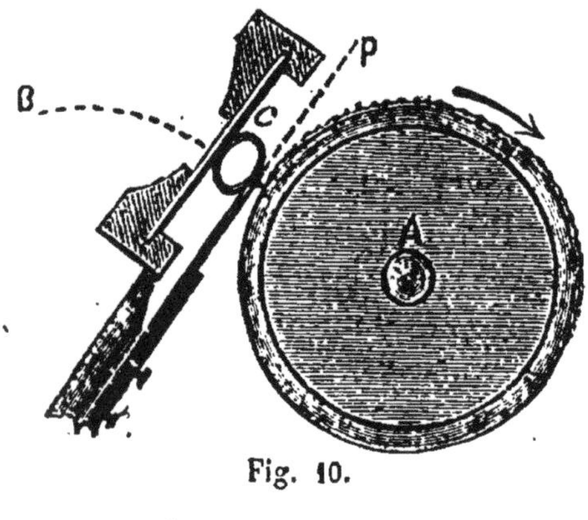

Fig. 10.

Ramenons en effet le cylindre à son point de départ en tournant la manivelle M en sens inverse, puis recommençons à tourner la manivelle dans le premier sens. Toutes les fois qu'une bosse de la cire passera sous la pointe P, cette pointe et, par suite, la plaque seront relevées.

Quand ce sera un trou de la cire qui se trouvera sous la pointe, la pointe et la plaque reviendront sur elles-mêmes.

Les empreintes marquées sur la cire auront, par conséquent, pour effet de faire vibrer la plaque exactement comme elle vibrait quand on parlait devant elle. Si donc, on met son oreille contre cette plaque, on l'entendra répéter les paroles qu'on avait prononcées auparavant. Et, comme les empreintes de la cire ne s'effacent pas, on peut garder aussi longtemps qu'on le veut le cylindre ainsi préparé, et il sera facile par ce moyen de faire entendre 10, 20, 30 ou cent ans après leur mort les paroles prononcées par les hommes célèbres.

Ainsi, l'on peut collectionner des voix, comme on collectionne des plantes, des insectes ou des timbres-poste?

12. La Photographie.

Nous avons vu (page 155) que si l'on perce un petit trou dans le volet d'une chambre obscure et que si, derrière ce petit trou, on place une grande feuille de carton, le paysage du dehors se peint distinctement sur le carton. Seulement on le voit à l'envers.

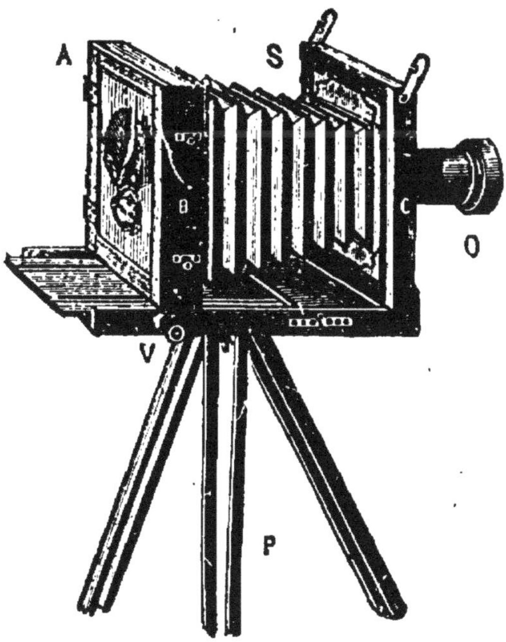

Fig. 11. — Appareil de photographie.

L'image serait bien plus nette, bien plus fine si dans le trou du volet on mettait une loupe de verre. C'est ce qui est réalisé dans l'appareil que je vous montre et qui est une chambre noire de photographe. En O (fig. 11), vous voyez une loupe ou lentille qu'on appelle l'objectif et, au fond de la chambre, se trouve une glace dépolie A. La chambre est à soufflet, de sorte que je peux rapprocher ou éloigner la glace dépolie de l'objectif et m'arranger de façon que l'image des objets qui sont devant l'objectif vienne se faire très nettement sur la glace : C'est ce qu'on appelle mettre *l'appareil au point*. Là! voilà qui est fait! Pierre voulez-vous venir voir? Mettez sur votre tête ce voile noir et regardez. Voyez-vous l'image sur la glace dépolie? — Oui, monsieur! Elle est renversée. — Bien! Maintenant que l'appareil est au point, je bouche l'objectif avec cette espèce de couvercle ou *opercule*. Je remplace la glace dépolie par un châssis à coulisse qui contient une plaque de verre enduite d'une substance qui s'altère, qui s'abîme sous l'action de la lumière du jour. Aussi a-t-on soin de bien fermer le châssis, comme vous pouvez le voir. Voilà maintenant le châssis en place au fond de la chambre noire.

Je tire la coulisse; si vous étiez dans la chambre noire vous pourriez, en tâtant avec vos mains, vous assurer qu'en tirant la coulisse, j'ai découvert la glace enduite de la substance sensible à la lumière. A présent j'enlève l'opercule, l'image se fait sur la glace sensible, et la substance qui l'imprègne se détruit partout où l'image est bien éclairée.

J'attends quelques secondes. Cela suffit. Je remets l'opercule. J'abaisse la coulisse pour refermer le châssis. J'enlève le châssis et je n'ai plus qu'à l'emporter dans une chambre éclairée par une lumière rouge qui n'a aucune action sur la substance sensible. Là, je tremperai la glace dans un liquide qui va faire apparaître l'image. Attendez-moi un moment et soyez sages!... C'est fini! tenez, voici cette image. — Mais, monsieur, elle est retournée, votre image : ce qui est éclairé sur l'objet est noir sur la plaque et les parties sombres de l'objet sont ici transparentes!

— Parfaitement. On appelle cette image un *négatif*. Pour avoir l'image tout à fait semblable à l'objet, je vais prendre un papier sensible que voici; tenez, je laisse ce papier au soleil, vous voyez comme il devient noir.

Eh bien, j'en prends un autre morceau, je le place sous le négatif. Partout où le négatif est noir la lumière ne passe pas et le papier qui est dessous reste blanc, partout où le négatif est transparent, la lumière passe et le papier devient noir.

Voilà l'image encore une fois retournée, seulement cette fois elle est tout à fait semblable à l'objet : c'est un *positif*, comme on dit.

— Mais, monsieur, si vous laissez le positif à la lumière, il va devenir tout noir.

— C'est juste, aussi dépêchons-nous de le tremper dans ce liquide qui va rendre le papier insensible à la lumière, et quand il y aura séjourné quelque temps, nous pourrons ensuite le laisser exposé au soleil tant que nous le voudrons : l'image sera *fixée*.

Vous voyez comme c'est chose simple que de faire de la photographie..... en théorie, parce que, dans la pratique, c'est un peu plus difficile.

13. Les Rayons X.

Voici une découverte toute récente et qui, au premier abord, paraît extraordinaire. Regardez cette boîte de bois qui est fermée et cachetée. Qu'y a-t-il dedans? Vous n'en savez rien. Si vous vouliez le savoir, vous ouvririez la boîte et vous seriez renseigné. Eh bien, on sait maintenant s'y prendre autrement : *sans ouvrir la boîte et sans briser les cachets, on photographie ce qu'elle contient.* Cela vous semble impossible. Rien n'est plus simple cependant et voici comment on fait : prenez un tube de verre comme celui qui est figuré ici (fig. 12). Il est complètement vide d'air et les deux bouts sont traversés par des fils métalliques que l'on peut mettre en communication avec une machine électrique, capable de produire cent ou cent cinquante étincelles par seconde. Aussitôt le verre prend une belle teinte d'un vert pâle. C'est déjà très joli à voir.

Fig. 12.

Mais ce qu'il y a de plus curieux, c'est que ce verre envoie de tous les côtés des rayons qu'on ne voit pas plus qu'on ne voit les rayons de chaleur envoyés par un poêle, et qu'on a nommés « rayons X ».

Ces rayons ont une propriété très singulière : ils traversent le bois, le carton, la chair, la peau aussi facilement que la lumière traverse le verre. Par contre, ils sont arrêtés par le verre, les métaux, les os, absolument comme la lumière est arrêtée par un mur de pierre.

Or, ces rayons ont sur une plaque photographique la même action que les rayons lumineux. Si donc je place ma boîte (qui contient, je vous en préviens, une paire de ciseaux en acier), sur une plaque photographique sensible enveloppée de papier noir (la lumière émise par le verre pouvant nuire à l'opération), et si au-dessus de la boîte je dispose un tube fournissant des rayons X, ces rayons traversent la boîte de bois, le papier noir et vont ensuite frapper la plaque photographique, excepté à l'endroit qui se trouve juste sous les ciseaux puisque, je vous l'ai dit, l'acier empêche les rayons X de passer.

Quand nous porterons ensuite la plaque photographique dans le laboratoire afin de la tremper dans le bain qui doit faire apparaître l'image, elle deviendra noire partout où elle aura été touchée par les rayons X, c'est-à-dire sur toute sa surface excepté sous les ciseaux dont on verra alors très nettement la silhouette.

Si au lieu d'une boîte en bois contenant des ciseaux, vous aviez mis votre main entre le tube qui projette les rayons X et la plaque photographique, vous auriez obtenu de même la photographie de votre squelette, puisque, je vous le répète, les rayons X sont arrêtés par les os tandis qu'ils traversent librement la peau et la chair. Cette découverte est très précieuse, car lorsqu'on s'est cassé un membre, les médecins prennent de cette façon la photographie de la cassure, et ils ne sont plus obligés, comme autrefois, de tâtonner pour remettre les os en place; ils opèrent à coup sûr puisqu'ils savent comment les os ont été déplacés. C'est un savant allemand, M. Rœntgen, qui a découvert les rayons X. Il faut l'admirer, car, mes enfants, la science n'a pas de patrie.

Conseils pratiques d'Hygiène.

Je rappellerai ici, brièvement, les conseils que j'ai donnés dans le cours de *Première année*, en insistant particulièrement sur les dangers que présente l'absorption des boissons fermentées et alcooliques.

Hygiène de la digestion. — **Les aliments solides.** — L'alimentation ayant pour but de réparer les pertes que notre corps subit à chaque instant, il faut choisir ses aliments de façon que les substances qu'ils contiennent soient capables d'effectuer cette réparation.

Or un muscle qui fonctionne, s'use; les ouvriers qui font beaucoup travailler leurs muscles, devront donc manger des substances contenant de l'azote, corps dont le muscle a grand besoin. Les aliments azotés s'appellent aussi *albuminoïdes* parce qu'ils sont chimiquement analogues au blanc d'œuf ou albumine. Les principaux aliments albuminoïdes sont : le maigre de la viande (muscles des animaux), le fromage, les œufs, une partie du pain qu'on appelle le *gluten*.

Les gens qui ne font pas travailler leurs muscles, qui ont une profession sédentaire, ne doivent pas manger beaucoup d'albuminoïdes, sous peine d'avoir des rhumatismes et la goutte.

Pour nourrir ses os on doit absorber des matières minérales : carbonate et phosphate de chaux. Le carbonate de chaux se trouve dans l'eau; quant au phosphate de chaux, on le rencontre dans un grand nombre de graines, surtout dans les graines de légumineuses, telles que le haricot, le pois, la lentille.

A côté de ces aliments réparateurs, il y a aussi les aliments de *calorification*, ils sont chargés de maintenir la chaleur du corps. Au premier rang se trouvent les *matières grasses* (beurre, huile, graisse des animaux). Ensuite viennent les *féculents*, c'est-à-dire les substances qui contiennent de la fécule ou amidon (pain, pomme de terre), et enfin les sucres.

Si donc on veut faire un repas vraiment réparateur, il faut absorber des albuminoïdes, des sels minéraux, et des aliments de calorification. Il n'est pas nécessaire, pour cela, de manger des plats succulents et compliqués;

un bon morceau de pain, avec du lard et du fromage, le tout arrosé d'un verre d'excellente eau de source, constitue un substantiel repas.

Il y a une substance, le lait, qui renferme les trois sortes d'aliments dont nous venons de parler : 1° Une substance albuminoïde, la caséine, dont on fait le fromage; 2° des sels minéraux; 3° du beurre et du sucre de lait. Le lait est donc un aliment complet. C'est le seul qui convienne aux tout jeunes enfants. Nourrir trop tôt un enfant avec des soupes, c'est l'exposer aux plus graves dangers.

Comment on doit manger. — Il faut d'abord mâcher soigneusement ses aliments, sous peine de fatiguer l'estomac qui, sans cela, serait obligé de faire l'ouvrage que les dents n'ont pas fait. Or les maladies d'estomac sont très douloureuses et de plus rendent tristes et insupportables les gens qui étaient les plus gais et les plus sociables.

Ne mangez donc pas trop vite et mâchez bien.

Mais pour bien mâcher, il faut avoir de bonnes dents. Soignez donc vos dents en les brossant avec soin et les tenant toujours très propres. Sans cette précaution, il reste entre les dents des morceaux de viande et autres substances alimentaires qui y pourrissent, rendent l'haleine infecte et, ce qui est plus grave, gâtent les dents, les *carient*. Une dent cariée se creuse de plus en plus, elle vous fait horriblement souffrir et finit par s'en aller en morceaux, à moins qu'on ne préfère la faire arracher tout d'un coup. Dans l'un comme dans l'autre cas, elle est perdue pour la mastication.

Il faut manger à heures fixes, avec la plus grande régularité possible. Un peu d'exercice avant le repas ouvre l'appétit et prédispose à une bonne digestion. A table, il ne faut jamais manger jusqu'à la satiété. Il faut toujours rester, comme on dit, un peu « sur sa faim »; c'est le moyen de vivre longtemps.

Buvez modérément.

Les Boissons. — L'eau est la seule boisson qui soit indispensable à l'homme. Lorsqu'on a soif, c'est que le corps *réclame de l'eau* et non un autre liquide. Par conséquent, moins une boisson contient d'eau et moins elle désaltère.

Mais toute eau n'est pas bonne à boire : si elle est trouble, il faut s'en abstenir parce qu'elle peut contenir des poussières nuisibles. Mais, même limpide, si elle ne dissout pas le savon, c'est-à-dire si le savon forme dans cette eau de petits grumeaux, et si de plus les légumes y cuisent mal, y durcissent, elle est indigeste : il ne faut pas la boire.

Mais parce qu'une eau est claire et limpide, dissout bien le savon et cuit les légumes sans les durcir, il ne s'ensuit pas pour cela qu'elle soit bonne à boire. Nous avons vu (p. 326) qu'elle peut même être très dangereuse si elle contient des microbes, ces algues microscopiques que nous avons appris à connaître et dont quelques-unes causent des maladies terribles, souvent mortelles (fièvre typhoïde, croup, etc.).

Il n'y a guère que l'eau de source, prise à la source même, qui ne contienne aucun microbe. Aussi quand on ne peut pas boire de l'eau de source, doit-on toujours filtrer son eau ou, ce qui vaut mieux encore, la faire bouillir : l'ébullition tue les microbes (voir page 326, comment on rend l'eau potable).

Le lait. — Le lait est aussi, comme nous l'avons vu, une excellente boisson, seulement ici encore il faudra prendre des précautions, car si le lait a été fourni par une vache phtisique (tuberculeuse), il renferme le microbe de la tuberculose et peut vous rendre vous-même tuberculeux. Aussi est-il prudent de ne boire que du lait bouilli qui est d'ailleurs beaucoup plus digestif que le lait cru.

Boissons aromatiques. — On nomme ainsi les boissons obtenues en *aromatisant* l'eau avec des plantes. Telles sont les infusions de thé, de café, de kola, de fleur d'oranger, de tilleul, etc. Ces infusions ont ceci d'excellent que, pour les préparer, il est nécessaire de faire bouillir l'eau dans laquelle on jette ensuite la plante aromatique. De sorte que, même dans les pays où l'eau est malsaine, elle est, par ce moyen, rendue inoffensive. Le thé est la boisson favorite des Orientaux.

Nous citerons aussi, parmi les boissons aromatiques, les limonades que l'on obtient en versant dans de l'eau, du jus d'un fruit ou un sirop fait avec du jus de fruit. Il faut faire attention à ces boissons, si l'eau qui sert à les préparer n'a pas été préalablement bouillie. En outre, les limonades ou sirops, quand on en abuse, ont l'inconvénient de provoquer une sueur abondante.

Boissons fermentées. — Les boissons fermentées s'obtiennent toutes en soumettant un jus sucré quelconque à l'action d'un petit champignon nommé *levure* ou *ferment*, et qui transforme rapidement en alcool le sucre qui est dans le liquide.

Les diverses boissons fermentées ne diffèrent que par l'origine du jus sucré que l'on soumet à la fermentation.

Si le jus sucré est du jus de raisins, la liqueur, après fermentation, s'appelle le *vin*. Le *poiré* provient de la fermentation du jus de poires, le *cidre* résulte de la fermentation du jus de pommes. Si l'on fait fermenter un jus sucré, obtenu en remuant de l'orge germée dans de l'eau chaude, on obtient de la *bière*, à laquelle on donne une certaine amertume en l'aromatisant avec de la fleur de houblon.

Enfin les cultivateurs qui possèdent des ruches, savent bien se fabriquer de l'*hydromel* en laissant fermenter de l'eau sucrée avec du miel.

Toutes ces boissons, surtout le vin, sont souvent falsifiées par des commerçants malhonnêtes qui, pour gagner davantage, y ajoutent des drogues toujours nuisibles à la santé et parfois même très dangereuses.

Mais même si les boissons fermentées sont pures, *comme elles contiennent toutes plus ou moins d'alcool*, il ne faut les boire qu'avec une modération extrême et aux repas seulement. Dans ces conditions, elles stimulent les fonctions de l'estomac et rendent les digestions plus faciles.

Un homme de force moyenne ne doit jamais boire, par repas, plus d'une demi-bouteille de vin et encore doit-il l'étendre de beaucoup d'eau.

Quant aux enfants, ils ne devraient pas commencer à boire du vin avant l'âge de 8 ou 10 ans. Il est d'ailleurs bien entendu qu'il ne faut jamais en faire absorber *une seule goutte* aux tout jeunes enfants.

Boissons distillées. — Si l'on distille une boisson fermentée, on en fait sortir l'alcool. C'est cet alcool que l'on recueille et qui est ensuite livré au commerce sous différents noms (*cognac*, ou eau-de-vie de vin; *calvados*, ou eau-de-vie de pommes; *kirsch*, ou eau-de-vie de cerises, etc.).

Effets de l'alcool sur l'organisme. — On s'imagine assez communément que l'alcool donne de la force, de l'énergie. C'est une erreur : cette force est factice, et cette énergie éphémère; et quand l'excitation due à l'alcool est tombée, on se trouve moins fort et moins énergique qu'avant l'absorption du petit verre. On recommence alors pour se donner un nouveau coup de fouet, et bientôt, l'habitude aidant, on ne plus se passer du stimulant. C'est ainsi que, sans jamais avoir été ivre, sans avoir jamais présenté le spectacle répugnant d'un homme ayant perdu toute dignité et descendu plus bas que la brute, on se trouve un beau jour *alcoolique*.

Or savez-vous quel est le sort d'un alcoolique? D'abord sa force musculaire diminue au point que tout effort lui devient douloureux et pénible. L'alcoolique cesse donc de travailler et s'il n'a pas de rentes, c'est la misère qui entre au logis.

L'état d'affaiblissement est tel que si une maladie quelconque survient, l'homme ne peut réagir et meurt. C'est une place forte qui capitule parce qu'elle n'a plus l'énergie de se défendre, et c'est ce qui vous explique pourquoi les alcooliques deviennent si facilement tuberculeux.

Quant aux facultés intellectuelles, c'est pire encore : le malade devient indifférent à tout, sans volonté, capable même de se laisser pousser au crime. Il est comme hébété, sa mémoire s'affaiblit. La nuit, il ne dort pas ou il dort mal, d'un sommeil lourd, rempli de cauchemars. Quelquefois, tout éveillé, il continue le rêve commencé : il a des visions horribles, il entend des bruits effrayants. Sa vue s'obscurcit et son ouïe devient faible, troublée qu'elle est par de continuels bourdonnements.

Le foie prend des dimensions énormes et les digestions sont pénibles; d'ailleurs, l'appétit disparaît et l'homme n'a plus de désir que pour ce poison qui a fait de lui une loque à face humaine. C'est la déchéance complète, c'est la folie, c'est la mort à bref délai.

Notez, mes enfants, que l'homme, réduit à cet état lamentable, n'a peut-être jamais été ivre, mais il a contracté la détestable habitude de prendre des *apéritifs* pour s'ouvrir l'appétit, ou de « tuer le ver », c'est-à-dire de boire de l'alcool pour « se donner des forces ».

Pauvre insensé, qui s'imagine se donner des forces, et qui lentement, mais sûrement, se tue!

L'Absinthe. — Que dire de ceux qui, trouvant sans doute que l'alcool pur n'agit pas assez vite, y mêlent encore des essences, telles que l'*absinthe?*

Faites une expérience : prenez deux bocaux d'un litre et mettez-y des poissons. Versez dans le premier 6 gouttes d'essence d'absinthe et dans l'autre 6 gouttes d'acide prussique pur, vous verrez que les poissons seront foudroyés par l'absinthe et résisteront quelques minutes à l'acide prussique. Et cependant l'acide prussique est le plus violent des poisons que puissent fabriquer les chimistes : le chimiste Scheele est mort pour en avoir respiré quelques vapeurs.

L'absinthe produit les mêmes désastreux effets que l'alcool, mais beaucoup plus rapidement et avec une intensité effroyable. Enfants, ne goûtez jamais à l'absinthe, d'autant plus dangereuse qu'au début son effet paraît bienfaisant, car elle semble aiguiser l'intelligence et surexciter l'imagination. Mais que de maux payent ensuite ce bien-être passager causé par la perfide liqueur! La folie et peut-être la camisole de force qu'on met aux fous dangereux, guettent le buveur d'absinthe.

Effets de l'alcoolisme des parents sur les enfants. — Si encore l'alcoolique ou le buveur d'absinthe ne nuisaient qu'à eux-mêmes! Mais c'est que malheureusement leur vice frappe aussi leur descendance. Les enfants d'alcooliques ne vivent guère ou si, par malheur pour eux, ils vivent, ce sont des êtres aussi incomplets au moral qu'au physique, à charge aux autres et parfois à eux-mêmes. Les enfants d'alcooliques sont souvent *idiots*, ou tout au moins *imbéciles*. Chez d'autres, les déformations n'atteignent que le physique : ils sont *scrofuleux*, *rachitiques*, *bossus*, *boiteux* ou *sourds-muets*. Enfin il n'est pas rare que les pauvres enfants, bien innocents cependant du crime de leur père, soient atteints de cette épouvantable maladie qu'on nomme l'*épilepsie*.

Résumé. — Donc, en résumé, il est faux, complètement faux que l'alcool, même dans le vin, donne des forces.

Tout homme, *quel que soit son travail*, peut et doit se passer d'alcool; car *tout alcool, même pris à petite dose, est un poison* dont les effets effrayants peuvent se faire sentir sur plusieurs générations. La plupart des criminels sont des alcooliques et tous ceux qui ne deviennent pas criminels sont sur le chemin qui mène à la folie.

Le Tabac. — Il n'y a pas que l'alcool et l'absinthe qui soient détestables pour la santé: il y a aussi le *tabac.* Dans le tabac, qui est une plante de la famille des Solanées, se trouve un poison violent, nommé la *nicotine.* Il n'y a donc rien d'étonnant à ce que les gens qui ont la vilaine habitude de *chiquer*, c'est-à-dire de mâcher du tabac, s'empoisonnent quelquefois s'ils avalent leur salive.

Mais c'est surtout quand on fume le tabac qu'on s'expose à des accidents graves. Chez ceux qui n'y sont pas habitués, la fumée détermine des indigestions, des vertiges et une sorte d'ivresse. Ces malaises disparaissent si l'on persiste quand même à fumer, parce qu'on en prend l'habitude; mais cela n'empêche pas le tabac d'être d'un usage dangereux; car sa fumée, non seulement noircit et abîme les dents, mais provoque encore des troubles dans la circulation, irrite les bronches et prédispose aux maladies de poitrine. Beaucoup de jeunes gens *meurent poitrinaires*, simplement *parce qu'ils ont voulu fumer trop jeunes.*

Chez les gens qui ont pris l'habitude de fumer, le goût et l'odorat s'atténuent, la vue baisse et se trouble, la main tremble, la mémoire s'affaiblit, l'énergie intellectuelle et morale diminue; ils sont portés à la rêverie et par conséquent à la fainéantise et c'est surtout chez les fumeurs qu'on observe cette tendance à remettre toujours au lendemain les affaires sérieuses.

Sans compter que l'abus de la pipe et du cigare, l'excitation continuelle de cette fumée âcre sur la langue et les lèvres, amène quelquefois cet horrible cancer de la bouche qui fait mourir dans d'atroces souffrances celui qui en est atteint, et qu'on appelle très justement le « cancer des fumeurs ».

Si vous m'en croyez, vous ne fumerez pas : votre bourse et votre santé ne s'en porteront que mieux.

Nécessité de l'exercice. — Je vous ai dit qu'il y a des gens qui croient bon de s'ouvrir l'appétit avec des *apéritifs.* C'est un mauvais calcul : une bonne promenade vaut mieux que tous les apéritifs du monde.

D'ailleurs pour que les muscles se conservent forts et souples, il faut les faire travailler et, pour cela, prendre de l'exercice, faire de la gymnastique, marcher, courir, scier du bois, faire des haltères, etc.

Chez un homme qui prend de l'exercice, les fonctions s'accomplissent plus régulièrement et l'esprit est toujours libre et dispos pour le travail.

Il ne faut pas cependant exagérer l'exercice et aller jusqu'à l'extrême fatigue; car alors on dépasserait le but, et l'exercice deviendrait plus nuisible qu'utile. Les gens qui ont passé la mesure dorment mal, d'un sommeil agité qui ne les repose pas.

L'exercice peut avoir provoqué la transpiration, évitez alors les courants d'air : *un courant d'air trop faible pour souffler une bougie, souffle fort bien une vie humaine,* car le courant d'air active l'évaporation de la sueur, ce qui refroidit la peau et peut donner une fluxion de poitrine ou une pleurésie, maladies toujours graves, parfois mortelles.

Comment on doit se vêtir. — En hiver, il ne faut pas trop se couvrir dans la maison parce que lorsqu'on sort on prend froid. Il faut proscrire l'usage des *cache-nez,* qui vous rendent très sensibles au froid.

Au printemps, ne vous découvrez pas trop tôt, car, en avril, les changements de température sont très brusques, les soirées et les matinées sont fraîches et, par conséquent, rien n'est plus facile que de prendre, à cette époque, un refroidissement.

Il faut renouveler l'air. — Enfin il est bon de renouveler souvent l'air des pièces où sont réunies de nombreuses personnes, et il n'est pas mauvais, à condition de bien se couvrir, de dormir, la fenêtre légèrement entr'ouverte, même en hiver, surtout si plusieurs personnes couchent dans la même chambre.

Les alcôves, les lits-armoires en usage en Bretagne, sont très mauvais parce que l'air ne peut pas s'y renouveler facilement. Les gens qui y couchent respirent un air impur, vicié, et il n'est pas rare de les voir devenir tuberculeux, c'est-à-dire poitrinaires, surtout si leurs occupations les forcent à rester à la chambre pendant le jour. Les cultivateurs, les ouvriers de la campagne, qui vivent toujours au grand air, se portent beaucoup mieux que les ouvriers des villes, condamnés le plus souvent à travailler dans des ateliers trop petits et mal aérés.

Si j'ai un conseil à vous donner, enfants de la campagne, c'est de rester à la campagne, d'y devenir des hommes vigoureux et sains, en même temps qu'instruits. Il n'est pas nécessaire, pour être utile à son pays, de venir respirer l'atmosphère empestée des grandes villes.

PETITES COLLECTIONS

Pendant la belle saison, il est amusant et instructif de faire des excursions dans la campagne afin d'y récolter les plantes et les minéraux que renferme la région. C'est là le seul procédé pratique pour apprendre à connaître rapidement les familles des plantes qui peuplent la contrée, et les différentes roches qui forment son sous-sol. C'est, de plus, un passe-temps très hygiénique puisqu'il vous fait prendre de l'exercice au grand air.

Comme les plantes et les minéraux varient beaucoup avec les régions, nous ne pouvons rien dire de général à cet égard. Nous rappellerons seulement que, pour faire une collection de plantes, il faut d'abord dessécher avec soin les échantillons recueillis. Pour cela, après avoir bien étalé chaque échantillon sur un coussin de papier jaune, on le met sous presse : il suffit de le recouvrir d'un nouveau coussin de papier jaune sur lequel on met une planche portant des poids assez lourds. On regarde de temps en temps pour voir si la dessiccation s'avance, et, quand la plante est bien sèche, on la fixe entre les feuilles d'un cahier au moyen de petites bandelettes de papier gommé, puis, à côté, on écrit le nom de la famille à laquelle appartient le spécimen et, si on le connaît, le nom de la plante avec la date de la récolte et le lieu où elle a été cueillie. On se constitue ainsi une sorte de répertoire qui permet de repasser rapidement les caractères de chaque famille.

Pour les minéraux, c'est plus simple encore. On place chaque échantillon dans une petite boîte de carton que l'on a pu s'amuser à fabriquer soi-même. Sous chaque échantillon on met une étiquette indiquant le nom du minéral que l'échantillon représente.

Je pourrais aussi vous apprendre à faire une collection d'insectes; mais je trouve que tous les êtres vivants ont droit à la vie et qu'on ne doit jamais les tuer sans une absolue nécessité, en cas de légitime défense, par exemple. Au surplus, pour faire une collection d'insectes il faut, non seulement tuer les malheureuses bestioles, mais encore les faire souffrir, et je me reprocherais d'avoir encouragé ce jeu cruel. Laissons donc aux savants de profession le soin de recueillir des insectes inoffensifs dont ils ont besoin pour leurs études, et ne détruisons que ceux qui nous nuisent : laissons butiner les abeilles et se mirer dans l'eau les libellules.

Paris. — Imp. E. Capiomont et Cie, rue de Seine, 57.

Librairie Armand Colin, 5, rue de Mézières, Paris.

TABLEAU D'ENSEIGNEMENT SCIENTIFIQUE

(LE CORPS HUMAIN)

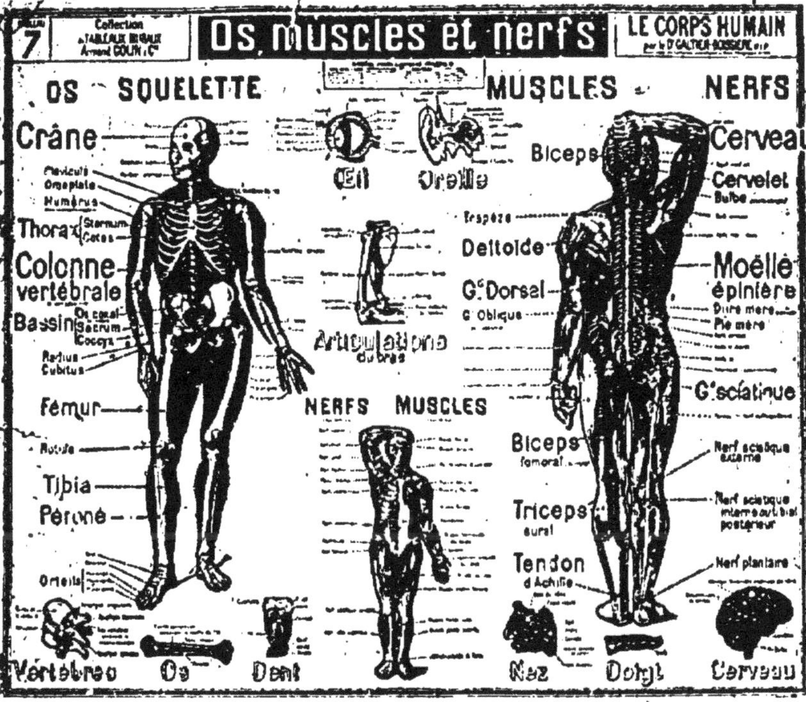

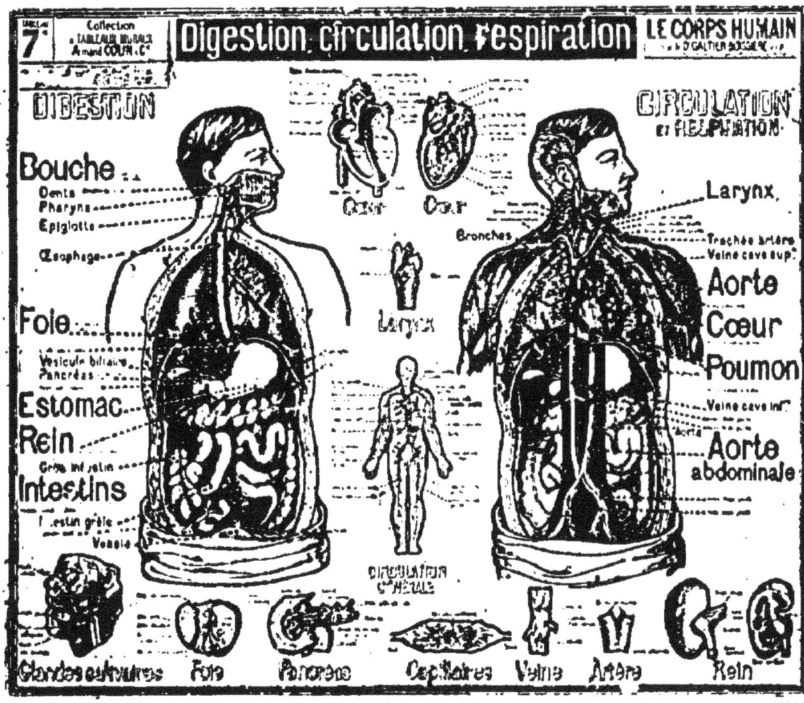

Le tableau, double face, sur carton (1^m 20 × 1^m)...... 6 50

Paris. — Imp. E. Capiomont et Cie, rue de Seine, 57.

www.ingramcontent.com/pod-product-compliance
Ingram Content Group UK Ltd.
Pitfield, Milton Keynes, MK11 3LW, UK
UKHW032012260826
14628UKWH00005B/2438

9 782016 142165